BEI GRIN MACHT SICH IHR
WISSEN BEZAHLT

AF141503

- Wir veröffentlichen Ihre Hausarbeit,
  Bachelor- und Masterarbeit

- Ihr eigenes eBook und Buch -
  weltweit in allen wichtigen Shops

- Verdienen Sie an jedem Verkauf

Jetzt bei www.GRIN.com hochladen
und kostenlos publizieren

GRIN

Martin Doskoczynski

Methodische Probleme und Praxis der Netzwerkforschung

GRIN Verlag

Bibliografische Information der Deutschen Nationalbibliothek:

Die Deutsche Bibliothek verzeichnet diese Publikation in der Deutschen National-
bibliografie; detaillierte bibliografische Daten sind im Internet über http://dnb.d-
nb.de/ abrufbar.

Impressum:

Copyright © 2005 GRIN Verlag GmbH
Druck und Bindung: Books on Demand GmbH, Norderstedt Germany
ISBN: 978-3-640-11653-9

Dieses Buch bei GRIN:

http://www.grin.com/de/e-book/110416/methodische-probleme-und-praxis-der-
netzwerkforschung

GRIN - Your knowledge has value

Der GRIN Verlag publiziert seit 1998 wissenschaftliche Arbeiten von Studenten, Hochschullehrern und anderen Akademikern als eBook und gedrucktes Buch. Die Verlagswebsite www.grin.com ist die ideale Plattform zur Veröffentlichung von Hausarbeiten, Abschlussarbeiten, wissenschaftlichen Aufsätzen, Dissertationen und Fachbüchern.

Besuchen Sie uns im Internet:

http://www.grin.com/

http://www.facebook.com/grincom

http://www.twitter.com/grin_com

Seminararbeit
am Institut für Wirtschaftsgeographie

Hauptseminar "Netzwerke und Kultur"

Wintersemester 2004/05

Methodische Probleme und Praxis der
Netzwerkforschung

Studiengang Wirtschaftsgeographie (Dipl.)
7. Fachsemester

Abgabetermin:
12.10.2004

INHALTSVERZEICHNIS

1. EINLEITUNG

Diese Arbeit mit dem Thema „Methodische Probleme und Praxis der Netzwerkforschung" soll im Rahmen der Hauptseminars „Netzwerke und Kultur" (WiSe 2004/2005), einen Einblick in die Forschungspraxis von Netzwerkuntersuchungen sowie in die in diesen Untersuchungen auftretenden methodischen Probleme vermitteln.

Die Arbeit ist so aufgebaut, dass zuerst eine bestimmte Betrachtungsweise von Netzwerken, Netzwerkebenen und Netzwerkteilen dargestellt wird, wobei jeweils an einem Beispiel aus der Forschungspraxis der Bezug zu praktischen Anwendungen hergestellt wird.

Zuerst eine kleine Einführung zur Definition und Rolle von Netzwerken in der Wirtschaftsgeographie, sowie den Sozialwissenschaften allgemein.

Eine sehr weitgefasste doch prägnante Definition des Begriffes „Netzwerk" gibt MITCHELL (1969): „...specific set of linkage among a defined set of persons..." (vgl. SCHNELL; HILL; ESSER 1999: 241). Natürlich gibt es auch weitere Definitionen, doch ich verzichte bewusst auf eine ausführliche definitorische Diskussion in dieser Arbeit.

Der Mensch als Sozialsubjekt ist stets eingebettet in verschiedene Formen von Relationen zu einer beliebigen, jedoch beschränkten Anzahl von Akteuren. Man würde an der Wirklichkeit vorbeihandeln, würde man stets die individualistische Sichtweise bei der Betrachtung von Zusammenhängen wählen.

V.a. der wirtschaftende Mensch agiert in Netzwerken; alleine schon das simple Zustandekommen eines Kaufvertrages zeigt dass ökonomische Handlungen stets mehrerer Akteure bedürfen. Mit zunehmender Arbeitsteilung, Spezialisierung und Ausdehnung ökonomischer Aktivitäten auf die internationale und globale Ebene, spielen Netzwerke eine zunehmende Rolle.

In früheren Subsistenz- und Tauschwirtschaften waren Relationen zwischen Akteuren weniger ausgeprägt und von einer einfacheren Struktur. Doch das System der globalisierten Wirtschaft und die verstärkt geführte Diskussion über die Rolle von Netzwerken in den Wirtschaftswissenschaften, zeigen dass der Netzwerkforschung eine gewichtige Rolle in der Betrachtung ökonomischer Handlungen beigemessen wird und werden muss.

2. NETZWERKE IM ÖKONOMISCHEN KONTEXT

2.1 Netzwerke in der Wirtschaftsgeographie

In der Wirtschaftsgeographie gibt es eine Entwicklung von der neoklassischen Lehre zur „new economic geography" und letztendlich zur „new economic sociology"(vgl. BATHELT; GLÜCKLER 2002: 159). Sowohl dort als auch in der institutionellen Perspektive, spielt der Netzwerkgedanke eine zentrale Rolle (vgl. SCHAMP 2000: 65).

Hierbei steht der Gedanke der „embeddedness" von GRANOVETTER (1985, 1992) an zentraler Stelle. Dieser besagt, dass ökonomisches Handeln sich nicht zwischen isolierten Akteuren abspielt, sondern stets im Kontext der Einbettung in fortdauernde Systeme sozialer Beziehungen zu betrachten ist (vgl. BATHELT; GLÜCKLER 2002: 160). An dieser Stelle darf nicht vernachlässigt werde, dass je nach Betrachtungsweise sowohl den institutionellen, als auch den soziologischen, personellen Verflechtungen ökonomischer Akteure (z.b. Manager) Rechnung zu tragen ist. In der Theorie bedeutet dies, dass gängige theoretische Konstrukte des Marktes und der (Organisations-)Hierarchie durch Netzwerke und den Ansatz der „embeddedness", in ihrer Aussagekräftigkeit verzerrt werden.

Für Unternehmen gilt in der institutionellen Sicht, dass sie sowohl in überstaatliche, als auch nationale, und ebenfalls oft in lokale Zusammenhänge eingebettet sind, die ihre Wettbewerbsposition im Vergleich zu einer theoretischen Position auf einem freien und vollständigem Markt beeinflussen (vgl. BATHELT; GLÜCKLER 2002: 162). Das geschieht zumeist zu Gunsten des jeweiligen Unternehmens. Es kann jedoch auch der Fall auftreten, bei dem eine Wettbewerbsposition aufgrund einer ungünstigen Netzwerkstruktur verschlechtert wird.

Ein Beispiel für die soziologische und psychologische Netzwerkebene ist die Betrachtung einzelner Managerentscheidungen zur strategischen Ausrichtung, Lokalisierung und Führung eines Unternehmens. Diese Entscheidungen weichen z.T. gravierend von der erwarteten (meist durch „Rationalitätsschlüsse" begründeten) Entscheidungsfindung ab. Sie sind nicht nur, aber großteils, durch das soziale

Umfeld und eine Einbettung des Entscheidungsträgers in ein bestimmtes personelles Netzwerk zu begründen.

In Anbetracht von Globalisierung und zunehmender Verflechtung der Weltwirtschaft, wird sich die Wirtschaftsgeographie zunehmend der Netzwerkbetrachtung stellen müssen. Die Netzwerkforschung wird zweifelsfrei eine größere Rolle spielen müssen, will sich die Wirtschaftsgeographie (unabhängig davon welchem wissenschaftlichen Dogma sie sich unterwerfen sollte) als ökonomische Raumwissenschaft nicht selber diskreditieren. Hierbei eignet sich eine Anlehnung an bereits vorhandene methodische Konzepte der Netzwerkforschung in der Soziologie, die unter dem Dach der empirischen Sozialforschung zu finden sind.

2.2 Primäre methodische Probleme – Abgrenzung und Formen von Netzwerken

Das Netzwerk an sich ist ein latentes, nicht direkt fassbares Phänomen. Wenn man so will, ist jegliche menschliche Beziehung, ob privat oder innerhalb und zwischen Organisationen in irgendeine Form von Netzwerk eingebunden (vgl. REHNER 2003: 68). Prinzipiell ist die gesamte Gesellschaft vernetzt und Netzwerke sind oft nicht klar abgrenzbar (vgl. MARSDEN 1990: 439 f.). Die Aufgabe des Forschers ist zuerst also folglich die Begrenzung des Netzwerkes auf einen Umfang, der überhaupt erst eine Untersuchung ermöglicht. Laut SCHNELL; HILL; ESSER (1999) ist die Analyse von totalen Netzen mit einem zu hohen Aufwand verbunden um überhaupt durchführbar zu sein und somit bedeutungslos. Bei der Begrenzung von Netzwerken auf erforschbare Größen muss damit gerechnet werden, dass wichtige Elemente verloren gehen. Das lässt sich jedoch nicht vermeiden, v.a. unter dem Gesichtspunkt, dass keine Zufallsauswahlverfahren existieren, mit denen Netzwerke zufällig ausgewählt werden können (vgl. SCHNELL; HILL; ESSER 1999: 234).

Von zentraler Bedeutung ist dabei die absolute Projektbezogenheit der Auswahl. Dem Forscher muss von Vornherein klar sein, was genau er mit seiner Untersuchung bezweckt, d.h. die Fragestellung muss vor der Untersuchung präzisiert werden, um eine genaue Vorgehensweise zu definieren.

Nur so kann vor der Untersuchung die Auswahl eines bestimmten Netzwerkteiles getroffen werden. Bei der Herleitung von Forschungsfragen ist unbedingt Sekundärliteratur einzusetzen, die bereits einen Teil der Fragestellung beantwortet sowie methodische und inhaltliche Grundlagen für das Projekt liefert (vgl. BORTZ; DÖRING 2002: 50, 112).

Dabei dient ein „Netzwerk" dem Forscher primär als methodisches Konstrukt (vgl. SYDOW 1992: 75), welches er selber erschafft um soziale und unternehmerische Verflechtungen und Relationen zu erfassen. Zuvor muss dieses Konstrukt genau definiert und abgegrenzt werden. Die anschließende „Projektion" auf die Realität erlaubt dem Forscher einen Einblick in das System der Beziehungen, wodurch die Untersuchung der spezifischen Fragestellung erst ermöglicht wird.

Zur theoretischen Charakterisierung von Netzwerken gibt es verschiedene Ansätze. Diese variieren je nach Sichtweise des Autors und v.a. je nach Zugehörigkeit zu einer bestimmten Disziplin. Soziologen betrachten Netzwerke eher auf der personellen und kollektiven Ebene (vgl. JANSEN 1999: 45f.), während Ökonomen den Schwerpunkt oft auf die institutionelle, interorganisationale Sichtweise legen und Unternehmensnetzwerke betrachten (vgl. SCHAMP 2000: 65 und SYDOW 2001).

Eine simple graphische Darstellung eines Netzwerkes, die sich auf die grundsätzlichen Elemente beschränkt bieten SCHNELL; HILL; ESSER (1999).

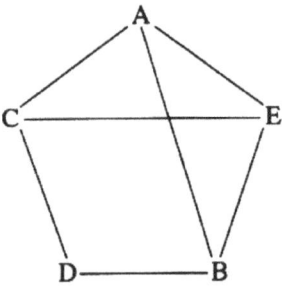

Abbildung 1: Netzwerk

Quelle: SCHNELL; HILL; ESSER 1999: 242

Das Schema in der Abb.1 definiert ein Netzwerk quasi vollständig. Es ist jedoch ein theoretisches Konstrukt. Die Einheiten oder Akteure eines Netzwerkes werden als Knoten bezeichnet. Die Verbindungen zwischen den Knoten stehen für eine oder mehrere Arten von Beziehungen oder Strukturen. Die Datenerhebung über ein Netzwerk erfolgt bei den einzelnen Einheiten des Netzes (vgl. SCHNELL; HILL; ESSER 1999: 241). In der Praxis ist es unwahrscheinlich, dass ein Netzwerk dermaßen eng abgegrenzt ist. So hat jeder der fünf Akteure sehr wahrscheinlich weitere Verbindungen zu anderen, hier nicht mit aufgenommenen Personen. Insofern ist diese Darstellung ein bereits laut Fragestellung der Untersuchung ausgesuchter Teil eines Netzwerkes. Entweder sind weitere Akteure für das Forschungsvorhaben von geringem Interesse, oder es spielen nur diese hier aufgezeigten Verbindungen eine Rolle für das Forschungsergebnis. Was in diesem Schema nicht vorhanden ist, ist weder die Richtung noch die Intensität der Relationen. Diese spielen in der Netzwerkforschung eine nicht zu vernachlässigende Rolle. Es ist ein generalisiertes und statisches Abbild eines Netzes, welches einen ausschließlich allgemein-deskriptiven Charakter trägt.

Ein etwas komplizierteres, doch sehr übersichtliches Modell eines idealtypischen ökonomischen Netzwerkes stammt von HÅKANSSON (1987) (s. Abb.2).

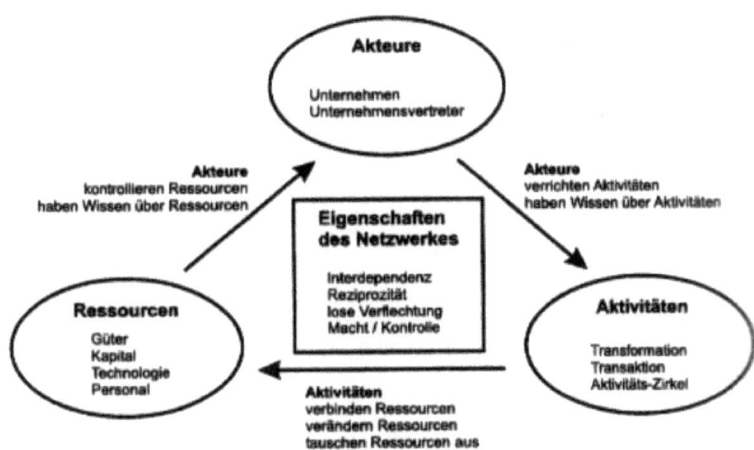

Abbildung 2: Netzwerkmodell der Schwedischen Schule nach HÅKANSSON

Quelle: REHNER 2003: 78

Dieses Schema unterscheidet sich von dem ersteren dadurch, dass es bereits die Richtungen und Arten der Relationen zwischen den Akteuren, Aktivitäten und Ressourcen aufzeigt. Formal fehlt jedoch die Intensität der Beziehungen und wie beim Graph in der Abb.1 ebenfalls der möglicherweise (und in der Realität anzutreffende) mehrebenige Charakter der Interdependenzen. Wichtig in diesem Modell der Schwedischen Schule ist die eingehende Charakterisierung der Netzwerkbeziehungen, die für die Netzwerkforschung eine zentrale Rolle spielt.

a. Reziprozität: Akteure vertrauen darauf, dass langfristig beide gleich stark vom Netzwerk profitieren

b. Interdependenz: In Netzwerken werden durch die gegenseitige Abhängigkeit Reputation, Loyalität und Vertrauen aufgebaut

c. Macht/Kontrolle: Partner sind keinesfalls gleichberechtigt, sondern handeln innerhalb von Machtasymmetrien, was jedoch nicht immer mit nachteiligen Effekten verbunden ist.

d. Lose Kopplung: im Unterschied zu der festen Verknüpfung in hierarchischen Systemen sind Akteure in Netzwerken nur lose gekoppelt. Partner entscheiden frei ob sie eine Beziehung fortsetzen oder beenden wollen.

(vgl. BATHELT; GLÜCKLER 2002: 164)

Bevor ich auf die praktischen Gesichtspunkte der Netzwerkforschung und ihre methodischen Probleme eingehe, ist eine theoretische Modellierung des Sachverhaltes der Existenz verschiedener Netzwerkebenen notwendig. Hierzu finde ich das Analysemodell von REHNER (2003) sehr allumfassend und präzise (vgl. REHNER 2003: 96). Es bezieht sich zwar auf Netzwerkbeziehungen von Managern im fremdkulturellen Kontext, hat aber meiner Meinung nach einen allgemeinen Bezug zur Realität und besitzt eine allgemeine Gültigkeit. Ich erlaube mir an dieser Stelle dieses Modell zu Verallgemeinern, so dass es sich nicht nur auf Manager im fremdkulturellen Kontext bezieht.

Demnach ist ein bestimmter Knoten oder Akteur auf folgenden Ebenen in Netzwerke eingebunden:

a. Personale Ebene: Freunde, Familie, Bekannte. Die Relation ist dabei freundschaftlicher und familiärer Art. Die Beziehung bezieht sich auf das Private und auf die Freizeit, kann aber ebenso auf das geschäftliche Feld Einfluss nehmen, z.B. durch familiäre Entscheidungen oder Beeinflussung durch Freunde und Bekannte.

b. Organisatorische Ebene: Kooperationspartner, Beschäftigte, Berater, Stammhaus, weitere Geschäftsführer. Hier kann die Relation sowohl horizontal, als auch vertikal-hierarchisch sein. Das Netzwerk dient der Aufrechterhaltung und Festigung von organisatorischen Strukturen, dazu gehört ebenfalls ein bestimmter gesellschaftlicher oder unternehmerischer Status.

c. Marktliche Ebene: Lieferanten, Kunden, Marktpartner, Vertragspartner, Dienstleistungs- und Produktionsunternehmen, die zur eigenen Wertschöpfung beitragen. Diese Beziehungen sind meist von vertraglicher und monetärer Natur.

Diese allgemeinen Ebenen gelten sowohl für Einzelpersonen als auch für Institutionen und Unternehmen. Natürlich sind Restriktionen gesetzt, weil die Grenzen oft verschwimmen und nicht immer definierbar sind. Außerdem haben die Ebenen für verschiedene Akteure einen jeweils anderen Stellenwert.

Die Wahl des Forschungsdesigns ist stark davon abhängig, welche Ebene der Forscher untersuchen will. Die Methoden der empirischen Forschung eignen sich verschiedenartig zur Untersuchung von Netzwerken auf den einzelnen Ebenen.

3. NETZWERKFORSCHUNG IN DER PRAXIS

3.1 Netzwerkausschnitt und Knotenauswahl

Obwohl in anderen Quellen von der Untersuchung von Gesamtnetzwerken die Rede ist, bildet das keinen Widerspruch zu der bereits angesprochenen Aussage von SCHNELL; HILL; ESSER (1999), dass die Analyse totaler Netzwerke in der Praxis nicht durchführbar sei.

So spricht HANNEMAN (2001) von „Full network methods". Das impliziert, dass man Informationen zu jedem vorhandenen Akteur (Knoten) im Netzwerk sammelt. Es wird jedoch schnell klar, dass dieser „full-network" ein bereits zu Anfang funktional, attributiv oder örtlich durch den Forscher eingegrenzter Teil eines Gesamtnetzwerkes ist (vgl. HANNEMAN 2001: 7).

Das Problem der Netzwerkabgrenzung stellt sich folglich nicht bei klar vorgegebenen Eigenschaften der zu untersuchenden Akteuren. Das gilt insbesondere für (wirtschafts-) geographische Untersuchungen von Netzwerken. Hier ist vor Beginn der Untersuchung eine Grundgesamtheit zu definieren, welche auf dem Untersuchungsziel gerecht wird und aus klar vorgegebenen Knoten (z.B. Unternehmen) besteht, die mit bestimmten Eigenschaften besetzt sind. Hat diese Untersuchung außerdem eine Raumbezogenheit, ist somit das zu untersuchende Netzwerk eindeutig abgegrenzt.

Eine Auswahl an Kriterien für die Abgrenzung zugehöriger Netzwerkakteure stellt JANSEN (1999) zur Verfügung. Dazu zählen Organisations- oder Gruppengrenzen, geographische Grenzen, Teilnahme an einem oder mehreren Ereignissen, Eigenschaften der Akteure und die Beziehungen der Akteure zueinander. Von massiver Bedeutung bei der Anwendung dieser Kriterien ist die Vordergründigkeit der spezifischen Fragestellung (vgl. JANSEN 1999: 65).

VAN DER LAAN hat für eine Untersuchung von Stadtsystemen und der Vernetzung des Arbeitsmarktes, sowie Erwerbslebens auf der lokalen und regionalen Ebene schlichtweg auf bestehende statistische Definitionen zurückgegriffen (vgl. VAN DER LAAN 1998: 235). Er begrenzte seine Untersuchung auf die Niederlande. Die zu untersuchenden Knoten nannte er „daily urban systems" (DUS); hierbei handelt es sich „standard metropolitan statistical areas", die in den Niederlanden statistisch klar definiert sind (vgl. VAN DER LAAN 1998: 235-237). Diese bestehen aus einem Kern und seinem Umland, wie es in der Stadtgeographie üblich ist. In dieser Untersuchung sind folglich geographische Grenzen, sowie Funktionalitätsaspekte (also Beziehungen der Knoten zueinander), von zentraler Bedeutung.

FÜRST und SCHUBERT (2001) werteten für eine Netzwerkanalyse in der Region Hannover Verzeichnisse von Institutionen und Organisationen aus. Dabei wurden 2000 Personen und über 1000 Organisationen registriert. Da sie aber das Elitenetzwerk untersuchen wollten, verringerten sie die Zahl der relevanten Akteure und Organisationen durch die repräsentative Auswahl von 15 Persönlichkeiten nach dem Reputationsverfahren. Es wurden alle regional einflussreichen Personen und Organisationen in der Region Hannover erfasst. Die Zuordnung erfolgte nach formalen Kriterien wie der Zugehörigkeit zu Vorständen von Betrieben mit mehr als 200 Mitarbeitern und einem Jahresumsatz vom mehr als 40 Millionen DM, der Besetzung formaler Positionen in Politik und Verwaltung, der Zugehörigkeit zum Kreis der Schlüsselpersonen von Universitäten, kultueinrichtungen und bedeutenden Medien, u.s.w. (vgl. FÜRST; SCHUBERT 2001: 38).

In einem Aufsatz von SYDOW und STABER (2002) erfolgt die Abgrenzung eines Netzwerkes anhand der gemeinsamen Teilnahme an einem bestimmten Ereignis. Dabei geht es um ein temporäres Projektnetzwerk zur Content-Produktion für das deutsche Fernsehen. Die Autoren betrachten alle an einem Projekt mit arbeitenden Akteure und können somit ihre Untersuchungsgrundgesamtheit deutlich abgrenzen.

Die nachfolgende Abbildung zeigt schematisch solch eine Projektnetzwerk und ist als eine praxisbezogene Anwendung des Schemas aus der Abb. 1 zu verstehen.

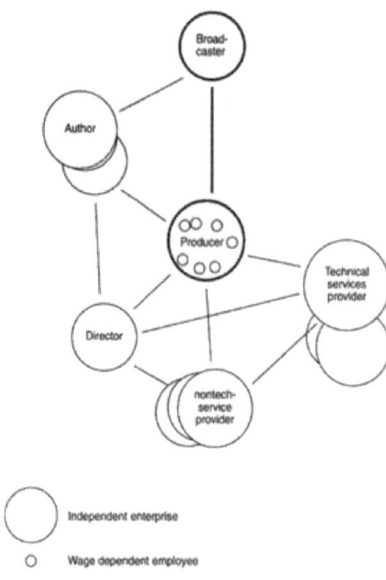

Abbildung 3: Beispiel für ein TV-Projekt-Netzwerk

Quelle: SYDOW; STABER 2002: 219

An diesen praktischen Beispielen kann man erkennen, dass sich die schwierige Netzwerkabgrenzung zusammen mit der zu untersuchenden Fragestellung in vielen Analysen erübrigt.

Komplizierter gestaltet sich hingegen die Untersuchung von sozialen oder persönlichen Netzwerken. Da das zentrale Anliegen einer Netzwerkanalyse darin besteht, das Verhalten von Akteuren aus den Beziehungen zu verstehen, die sie zu anderen Akteuren unterhalten, wirft die Abgrenzung des zu untersuchenden Netzwerks besondere Probleme auf (vgl. SYDOW 1992: 123-125). Nach den Bezugspunkten der Datenerhebung betrachtet, wird bei einer Gesamtsicht eine Netzwerkes, Daten von jeder Einheit über alle anderen Einheiten erhoben (vgl. SCHNELL; HILL; ESSER 1999: 243).

Hier ist eindeutig die Zweckmäßigkeit und die Realisierbarkeit zu hinterfragen. Die andere Möglichkeit ist ein sog. „ego-zentriertes" Netzwerk, bei dessen Analyse Daten über das Netzwerk aus der Sicht einer bestimmten Person (ego) erhoben werden (vgl. SCHNELL; HILL; ESSER 1999:243).

Dazu wird ein Akteur nach den Beziehungen zu seinen Netzwerkpartnern (alteri) befragt (vgl. BASTIANS 2001: 2). In diesem Fall spielt die sog. „Schneeball-Methode" oder das Konzept des Organizationssets (!!!!!!!!!!!!!!!) SYDOW 3.1 !!! eine besondere Rolle. Abb. 4 verdeutlicht schematisch die Form eines möglichen „ego-zentrierten" Netzwerkes. In diesem Fall wird nur die Person „Ego" nach den Beziehungen zu den „Alteri" befragt.

Ego nennt einige Alteri als für ihn wichtige Diskussionspartner.

Die Alteri selber werden nur in seltenen Fällen befragt.

Die Beziehungen werden als symmetrisch betrachtet und analysiert. Durch verschiedene Stärken der Kanten lassen sich Intensitäten oder Nähen der Beziehungen darstellen

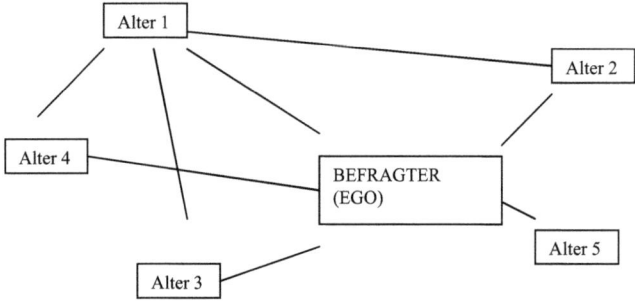

Abbildung 4: Modell eines ego-zentrierten Netzwerks

Quelle: eigener Entwurf nach Jansen (1999)

Zur Abgrenzung des Netzwerkes eine besondere Rolle.

Beim Schneeballverfahren handelt es sich eigentlich um eine besondere Form der Stichprobenziehung. Dabei wird ein Akteur, ausgehend von einer Stichprobe, nach seinen Kontakten zu anderen Akteuren befragt. Diese können wiederum befragt werden, u.s.w. Die Grenzziehung liegt dabei in der Hand des Forschers und ist wiederum abhängig von der zu untersuchenden Fragestellung (vgl. JANSEN 1999: 68). Diese Methode eignet sich nicht nur zur Abgrenzung von Netzwerken, sondern erlaubt bereits einen Einblick in ihre Strukturen, bestehend aus Akteuren und Beziehungen. Es besteht die Möglichkeit den Fragenkatalog so tiefgehend zu gestalten, dass man bereits das meiste über die Beschaffung der Verflechtungen in Erfahrung bringen kann.

Diese Methode beinhaltet jedoch zwei große Nachteile, die oft zu Problemen bei der Netzwerkabgrenzung und Darstellung führen können. Das eine ist, dass nicht existente, oder schwache Verbindungen nicht erkannt werden. Diese nicht angeschlossenen Akteure heißen „isolates" und sind für manche Untersuchungen nicht unwichtig. Das zweite Problem ist, dass es leicht möglich ist ganze Netzwerkteile zu „übersehen", wenn das System an einem falschen Knoten angesetzt wird (vgl. HANNEMAN 2001: 9).

In der Wirtschaftsgeographie und verwandten Disziplinen ist jedoch die bewusste Auswahl von Akteuren von größerer Bedeutung, weil die zu untersuchenden Objekte klarer abgrenzbar sind als z.b. in der Soziologie oder Ethnologie. Außerdem muss es nicht zwangsweise Ziel einer empirischen Untersuchung sein, Netzwerke genau abzubilden oder abzugrenzen, sondern einzelne Beziehungen zu betrachten und aus den Interaktionsinhalten Schlüsse zu ziehen (vgl. REHNER 2003: 92).

3.1.1 Attribute

Als Attribute werden Eigenschaften von Akteure/Knoten bezeichnet. Dazu gehören Alter, Geschlecht, Einkommen, sozialer Status (vgl. SCHNEGG; LANG 2002: 17). Diese sind notwendig um Hypothesen statistisch zu überprüfen und die Struktur des Netzwerkes nachzuzeichnen.

Einen Abschnitt der sich mit der Erhebung von Daten zu Akteuren auseinandersetzt, lasse ich bewusst aus, da dieses Thema Grundlage jeglicher empirischer Forschung ist und von sehr allgemeiner Natur. Hier sei hauptsächlich an standardisierte Fragebögen (mündlich oder schriftlich) verwiesen.

3.2 Netzwerkstruktur

Die Struktur eines Netzwerkes definiert sich durch die Art, Richtung und Intensität der Beziehungen zwischen den Knoten/Akteuren. Dem Forscher obliegt es, diese Beziehungen zu identifizieren, zu klassifizieren und zu bewerten. Wie schon mehrmals deutlich erwähnt, steht die zu untersuchende Fragestellung im absoluten Vordergrund. Für Beziehungen gilt dasselbe wie für Akteure: es geht nicht darum alle vorhandenen Verflechtungen zu erfassen, sondern nur diejenigen, die für die zu erforschende Thematik und Fragestellung von Bedeutung sind. Der große Aufwand ergibt sich daraus, dass Netzwerke relationsspezifisch sind; somit muss für jede Relation ein eigenes Netzwerk mit einem Set von Fragen erhoben werden (vgl. JANSEN 1999: 68).

Zusätzlich sollte sich der Forscher über die Charakteristika von Netzwerk-beziehungen im Klaren sein. Diese wurden in Kapitel 2 auf Seite 5 und 6 angesprochen.

Voraussetzung für die Erhebung von Beziehungen ist die Vollständigkeit der relevanten Akteure (vgl. JANSEN 1999: 68). Das Problem besteht darin, dass beim Ausfall von Informanten (sei es durch ihre Nicht-Erfassung oder durch die schlichte Verweigerung) die Struktur des abgebildeten Netzwerkes stark von der tatsächlichen Struktur abweichen kann (vgl. SCHNELL; HILL; ESSER 1999: 243).

Je informeller und persönlicher die Beziehungsebene zwischen den Akteuren, desto latenter und schwieriger erfassbar sind die Verflechtungen. Solche persönlichen Netzwerke sind nicht auf irgendeine Weise, z.B. in Form von Verträgen, festgehalten.

JANSEN (1999: S.68) nennt als mögliche Kategorien von Relationen: Informationsaustausch, Ressourcenaustausch, Reputation für Exzellenz oder Einfluss; Mitgliedschaftsbeziehungen, Verwandtschafts- und Abstammungsbe-ziehungen, Affektive Beziehungen und konkrete Informationen.

Die Auswahl der Kategorien variiert stark von Untersuchung zu Untersuchung. Es liegt auf der Hand, dass die Auswahl abhängig ist vom Untersuchungsziel und von der wissenschaftlichen Disziplin. So wird ein Ethnologe mehr Wert darauf legen, die Verwandtschafts- und Abstammungsbeziehungen zu betrachten, während der Ökonom vordergründig den Ressourcen- und Informationsaustausch untersuchen wird.

Die zunehmende Bedeutung des Sozialkapitals in der Wirtschaftswissenschaften und der Wirtschaftsgeographie (vgl. BATHELT; GLÜCKLER 2002: 168 f.) zwingt den Forscher jedoch ebenfalls zur Analyse anderweitiger menschlicher Beziehungen wie Informations- und Ressourcenaustausch.

3.2.1 Dyaden und Triaden als Grundkonstrukte

Dyaden sind kleinstmögliche Einheiten in der Netzwerkanalyse. Meistens wird bei der Untersuchung von Gesamtnetzwerken (zur Begriffsabgrenzung s. Kapitel 2) das Netzwerk in Dyaden zerlegt. Diese Form ist ein kleines Netzwerk an sich, mit zwei Akteuren und der Verflechtungen zwischen ihnen. Mit Hilfe von Dyaden lässt sich bereits die Richtung einer Beziehung ausdrücken. Die nachfolgende Abbildung verdeutlicht Formen von Dyaden.

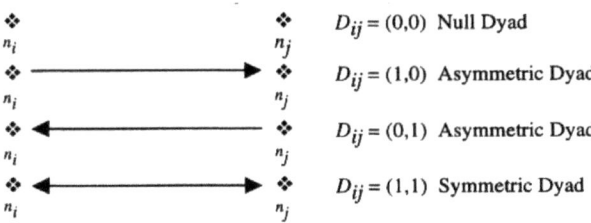

Abbildung 5: Dyadenformen nach Wassermann/Faust (1994)

Quelle: JANSEN 1999: 53

Diese drei Formen stellen übersichtlich alle möglichen Beziehungsformen zwischen zwei Akteuren dar. Bei der Null-Dyade existiert keine Verflechtung, bei den beiden asymmetrischen Dyaden ist die Beziehung einseitig ausgerichtet (was dem im Kapitel 2 erläutertem Netzwerkgedanken widerspricht), bei der symmetrischen Dyade ist die Beziehung vollständig und reziprok.

Fügt man nun einen Akteur hinzu und betrachtet die Beziehungen, so erhält man eine Triade. Bei Triaden gibt es 16 verschiedene Ausführungen, die alle Möglichkeiten des Vorhandenseins und der Richtung von Beziehungen zwischen drei Akteuren berücksichtigen (vgl. JANSEN 1999: 56).

3.2.2 Die Beziehungen

Bei der Messung und Bewertung von Beziehungen zwischen Akteuren im Netzwerk besteht primär das Problem der Skalierung der beobachteten Indikatoren. Das ist ein allgemeines methodisches und messtheoretisches Problem in der empirischen Forschung, das mit der Operationalisierung eines Merkmals verbunden ist (vgl. BORTZ; DÖRING 2002: 68). Verschiedene Skalierungen haben verschiedene mathematische Eigenschaften und verlangen jeweils andere Algorithmen und Rechenoperationen zur Weiterverarbeitung und Auswertung (vgl. HANNEMAN 2001: 12). Eine Skala ist „das geordnete Tripel aus einem empirischen relationalen System A, dem numerischen Relationalen System N und dem Morphismus f: A -> N...." (vgl. KROMREY 2000: 228). D.h. dass ein empirisches relationales System in ein numerisches relationales System abgebildet wird indem Eigenschaften zahlen zugeordnet werden. Vor dem Messvorgang sind drei Probleme zu lösen:

1. Klärung ob die Relationsaxiome einer Skala im empirischen Relativ erfüllt sind,

2. Rechtfertigung für die Zuweisung von Zahlen zu Objekten (Repräsentationsproblem),

3. Bestimmung des Grades bis zu dem diese Zuweisung repräsentativ ist (vgl. KROMREY 2000: 229).

In der Netzwerkforschung ist die einfachste Skalierung die binäre Skalierung. Hier wird nur erhoben ob Beziehungen vorhanden sind oder nicht. Weder die Richtung noch die Intensität spielen eine Rolle (vgl. JANSEN 1999: 69). In der Praxis würde man eine die Ausprägung der „Null Dyad" aus der Abb. 5 mit der Zahl „0" belegen, die drei anderen Formen von Dyaden mit der Zahl „1". Die zwei feineren Skalierungen von Merkmalen sind die ordinale Skala und die metrische Skala. Mit solchen Messzahlen werden bereits Intensitäten von Beziehungen ausgedrückt. In diesem Zusammenhang sprechen SCHNEGG und LANG (2002) von einer „Intensitätsskala", die erst entwickelt werden muss. In dem Fall spricht man von „bewerteten Beziehungen" (vgl. SCHNEGG; LANG 2002: 15).

Dazu gibt es komplexere Rating-Verfahren, oder Rangordnungen, die mehr als zwei Alternativen (mehr als nur „Beziehung ja oder nein?") vorgeben. Die Messung der Relationsintensitäten durch solche Verfahren führt zu ordinal skalierten, bewerteten Relationen (vgl. JANSEN 1999: 72).

Ein Beispiel aus der Praxis für die Messung einer Verflechtung mit Hilfe einer ordinalen Skala ist bei STERNBERG (1999) zu finden. In seinem Aufsatz „Innovative Linkages and Proximity..." versucht er herauszufinden ob und in wie weit sich das Vorhandensein von intraregionalen Netzwerken von Akteuren auf die Innovationsfähigkeit kleiner und mittlerer Unternehmen auswirkt (s. STERNBERG 1999: 529). Dabei werden drei oder vier verschiedene Partner unterschieden (Lieferanten, Kunden, Wettbewerber, Forschungsinstitute), drei Distanzen betrachtet (selbes Bundesland, anderes Bundesland und Ausland) und drei Beziehungsarten untersucht (genereller Informationsaustausch, konzeptionelle Entwicklung und Entwicklung von Prototypen). Zusätzlich zu der binären Erhebungskategorie, wird jeder Beziehung eine ordinal skalierte Eigenschaft zugeordnet, die den Grad der Verflechtung ausdrückt. Sie reicht von „1" (= für den Innovationsprozess unbedeutend) bis „3" (= für den Innovationsprozess von hoher Bedeutung) (vgl. STERNBERG 1999: 534). Der Autor berechnet hierfür Mittelwerte, so dass davon auszugehen ist, dass die Skalierung quasimetrisch ist.

Metrische Skalierungen bedürfen einer genauen Erfassung des Zeit und/oder Ressourcenaufwands einer Beziehung und sind somit nicht immer möglich. Diese Angaben sind nicht immer vorhanden und es besteht das Problem der Überforderung der Erinnerungsfähigkeiten des Befragten. In der Praxis bleibt es oft bei einer ordinalen Messung von Relationsintensitäten, wenn nicht auf Archivdaten zurückgegriffen werden kann (vgl. JANSEN 1999: 69). Metrische Messungen sind in Befragungen selten und beziehen sich meist auf ökonomische Daten, die aus anderen Quellen zusammengetragen werden /vgl. JANSEN 1999: 72)

Bei ökonomischen Fragestellungen und der Untersuchung von ökonomischen Netzwerken (z.B. Unternehmensnetzwerken) tritt die metrische Betrachtung klassischerweise dort auf, wo Verflechtungsintensitäten in Geldeinheiten zu messen sind.

FESER und BERGMAN versuchten in einer Untersuchung eine allgemein übertragbare Methode zu finden, die eine Analyse von Industrieclustern erlaubt (vgl. FESER; BERGMAN 2000). Hierzu erfassten sie die Input-Output-Beziehungen der herstellenden Industrie im Bundesstaat North Carolina in den USA. Als Basis dienten Datensätze einzelner Unternehmen, die Informationen über Input-Output-Verflechtungen in Geldeinheiten liefern. Diese stammen vom „Bureau of Economic Analysis" beim "US Departement of Commerce". Diese metrisch skalierten Daten erlaubten den Forschern über statistische Cluster- und Faktorenanalysen Einblicke in das Unternehmensnetzwerk in North-Carolina zu gewinnen (vgl. FESER; BERGMAN 2000: 4-6). Bei rein ökonomischen Netzwerkformen ist oft bereits ein großer Datensatz mit monetären Werten vorhanden, so dass man keine eigenen Erhebungen mehr durchführen muss und sich auf eine Sekundäranalyse stützen kann.

Eine weitere Schwierigkeit besteht in der genauen Klassifizierung von Begriffen, die eine Beziehung beschreiben, wenn sie nicht von vornherein definiert sind. SCHNEGG und LANG (2002) verdeutlichen das am Begriff „Freund". Dieser Ausdruck ist ihm deutschen sehr „schwammig", was alleine aufgrund der Tatsache deutlich wird, dass er sowohl lockere Bekanntschaften, stärkere freundschaftliche Bindungen, als auch Liebesbeziehungen umfasst. Die Auslegung dieses Begriffes ist einzig und alleine von der subjektiven Interpretation der Bedeutung durch den Befragten abhängig. Dieses Problem wird in der Praxis dadurch behoben, dass man diese Kategorie in verschiedene Typen „zerlegt" und dem Befragten die Möglichkeit bietet einzelnen Kategorien Knoten zuzuordnen. Ein Beispiel wäre die Frage „Mit wem redest du über ganz persönliche Dinge?" (vgl. SCHNEGG; LANG 2002: 14-15), oder „Mit wem unternimmst du regelmäßig Freizeitaktivitäten?".

3.3 Ausgewählte Instrumente der Netzwerkforschung

3.3.1 Fragebogen, Listenabfrage und Beobachtung

In der Netzwerkforschung ist es üblich Daten über das Netzwerk am Knoten über eine Befragung mit Hilfe eines standardisierten Fragebogens zu erheben. Dieser wird entweder allen zur Grundgesamtheit gehörenden Akteuren oder einer sorgfältig ausgewählten Stichprobe vorgelegt (vgl. SYDOW 1992: 128). Die Gestaltung dieses Fragebogens wirft einige methodische Probleme auf, v.a. angesichts der Tatsache, dass es sich bei den Beziehungen zwischen den Netzwerkakteuren um schwer erfassbare, nicht manifeste Phänomene handelt. Beim Fragendesign ist unbedingt auf die Projektbezogenheit der Befragung zu achten. Will man im Anschluss die Daten quantitativ auswerten, ist eine möglichst hohe Standardisierung des Fragebogens vorzuziehen. Fragebögen bedienen sich fast ausschließlich selbstbezogener Auskünfte der Probanden. Deswegen sind sie besonders stark von Erinnerungsvermögen, Aufmerksamkeit, Selbsterkenntnis u.s.w. abhängig. Somit sind sie sowohl für unwillkürliche Fehler und Verzerrungen, als auch für absichtliche Verfälschungen sehr anfällig (BORTZ; DÖRING 2002: 190).

Nicht unbedeutende, verzerrende Effekte auf das Ergebnis hat der Interviewereinfluss. So können z.B. Faktoren wie Alter, Geschlecht, Aussehen, Kleidung, Haarmode, Persönlichkeit, Einstellungen und Erwartungen des Interviewers die Antworten des Befragten stark beeinflussen (vgl. BORTZ; DÖRING 2002: 246).

Ist das Netzwerk durch den Forscher eindeutig abgegrenzt kann er über eine vollständige Akteursliste eine Erhebung durchführen, oder aber eine freie Abfrage von Beziehungspersonen anwenden.

Bei dieser Listenabfrage wird dem Akteur eine Liste mit allen Netzwerkakteuren vorgelegt. Zusätzlich werden verschiedene Relation erfragt und der Befragte muss für jeden Akteur ankreuzen ob er die Relation unterhält und ggf. in welcher Intensität.

Das Problem hierbei ist, dass die Netzwerkabgrenzung des Forschers mit dem Netzwerkgröße des Befragten übereinstimmen muss.

Entweder müssen sich Forscher und Befragter anhand eines formalen Abgrenzungskriterium über den relevanten Akteurset verständigen können, oder der Forscher versichert sich durch eine Präsentierung einer Liste aller Netzwerkakteure, dass seine Abgrenzung dieselbe ist, wie die des Befragten.

Eine weitere Möglichkeit der Datenerhebung in der Netzwerkforschung ist die Beobachtung. Eine Form der Beobachtung die für die Erfassung von Netzwerkbeziehungen zweckmäßig ist, ist die sog. „Tagebuchmethode" (vgl. LAIREITER 2004: 7). Hier wird nach Ereignistagebücher, Intervalltagebüchern und der time-Sampling-Method unterschieden. Als Beispiele aufzuführen sind das Kontakttagebuch nach LAIREITER, das Tagebuch zur Erfassung sozialer Beziehungen und Unterstützung nach BAUMANN und das kontrollierte Interaktionstagebuch nach nach ASENDORPF (vgl. LAIREITER 2004: 9). Der Akteur hält dabei fest, mit wem er sich wann, wie oft und zu welchem Zweck getroffen hat.

3.3.2 Namensgenerator

Der Namensgenerator oder Netzwerkgenerator ist in Verbindung mit einem Namensinterpretator ein sehr wichtiges Instrument zur Erhebung von sozialen und personellen meist ego- Netzwerken (vgl. JANSEN 1999: 75). Er wird oft in der üblichen Surveyforschung verwendet und ist dabei in einen Fragebogen integriert. Ein einfacher Generator besteht aus der Frage nach den drei besten Freunden A, B und C. Je nach Untersuchungsziel können zu den genannten Personen weitere Folgefragen gestellt werden, also z.B. ob der Befragte meint dass A, B und C auch untereinander befreundet sind (vgl. SCHNELL; HILL; ESSER 1999: 244). Das Instrument erfüllt sowohl die Funktion der Aufdeckung von Knoten, als auch die Funktion der Aufdeckung der Beziehungsarten. Die Fragen können letztendlich beliebig variiert werden um beispielsweise bestimmte Eigenschaften der Alteri aus der Sicht des Befragten zu erfragen. Dazu eignen sich die sog. „Namensinterpretatoren", die weitere Informationen über die Alteri und den Befragten liefern können (vgl. JANSEN 1999: 74). JANSEN (2001) analysierte in einer empirischen Untersuchung das Sozialkapital von Unternehmensgründern und verwendete einen Namensgenerator um die drei für die Existenzgründung des Egos wichtigsten Personen herauszufinden (vgl. JANSEN 2001).

Die Attribute der Alteri wurden über einen Namensinterpretator erfasst, der nach Alter, Erwerbstätigkeit, Berufsbildung und nach der Stärke der Beziehung zwischen den Netzwerkpersonen fragt. Um möglichst viele relevante Eigenschaften der Netzwerkbeziehungen zu erarbeiten wurden neben dem Namensgenerator zusätzlich Fragen zu verschiedenen Ressourcen-, Informations- und Beratungsbeiträgen der drei Alteri gestellt (vgl. JANSEN 2001).

Ein anderes Beispiel für die Messung von Sozialkapital mit Hilfe eines Netzwerkgenerators ist das Beispiel des sog. „Globalgenerators". Dabei handelt es sich um einen Namensgenerator der bestimmte Verwandtschaftsbeziehungen abfragt. In diesem Fall werden Kategorien von Verwandtschaftstypen der Reihe nach abgefragt (vgl. HAUG 2000: 19). Die Stärke der Beziehung und die räumliche Entfernung werden wiederum über einen Namensinterpretator erhoben. Diese Vorgehensweise ist ein Teil einer empirischen Untersuchung über Soziales Kapital, Migrationsentscheidungen und Kettenmigrationsprozesse am Beispiel der italienischen Migranten in Deutschland (vgl. HAUG 2000). Die Autorin erwähnt in diesem Zusammenhang mögliche auftretende methodische Probleme bei der Fragenbogenerstellung. So ist bei der Gestaltung des Namensgenerators darauf zu achten, dass er nicht zu weit, zu eng, zu spezifisch oder zu unspezifisch ist (HAUG 2000: 14).

Die bekannteste Anwendung eines Netzwerkgenerators ist die ALLBUS (Allgemeine Bevölkerungsumfrage der Sozialwissenschaften), bei der alle zwei Jahre ein repräsentativer Querschnitt der Bevölkerung mit einem teils stetigen, teils variablen Fragenprogramm befragt wird (vgl. BLOHM; LAMAS-PEREZ 2002: 2). Der bei ALLBUS verwendete Generator ist eine abgewandelte Form des sog. „Fischer-Namensgenerators". Dieser besteht aus 10 Fragen, die weitläufigere Beziehungen und verschiedene Formen der sozialen Unterstützung abfragen. Zu jeder Frage kann der Befragte mehrere Personen nennen und auch Doppelbenennungen sind möglich. Zentrale, nicht im gleichen Haushalt lebende Personen, werden danach für die Erhebung der Beziehungen zwischen den Alteri ausgewählt. Alle insgesamt genannten Personen werden dem Befragten nach der Nennung mit der Frage ob eine Person fehle noch mal vorgelegt. Die Rollenbeziehung (Verwandter, Kollege, Nachbar, Freund, Bekannter) zwischen Ego und Alteri, sowie das Geschlecht der Alteri wird mit Hilfe von Namensgeneratoren ermittelt. Zusätzliche Fragen erheben die Intimität der Beziehung, die Entfernung zwischen den Wohnorten, die Verfügbarkeit von in kurzer Zeit erreichbaren gemeinsamen Treffpunkten und die Ähnlichkeit zwischen Ego und Alteri, Beruf, Ethnie, Nationalität, Religion und ausgeübter Freizeitbeschäftigung betreffend (vgl. JANSEN 1999: 75-78). Die Abbildung 6 zeigt das Fischer-Instrument zur Erhebung ego-zentrierter Netzwerke, welches aus 10 Namensgeneratoren besteht.

SCHNEGG und LANG (2002) schlagen als Methodik der Netzwerkerhebung einen Namensgenerator mit 12 Fragen vor. Die erfragten hypothetischen Situationen sind Indikatoren für bestimmte Kategorien der Unterstützung, wobei eine Kategorie teilweise auch durch zwei Fragen abgedeckt wird. Diese „Dimensionen der sozialen Unterstützung" (SCHNEGG; LANG 2002: 20) gliedern sich auf in: instrumentelle Hilfe, intensive emotionale Unterstützung, Ratgeberfunktion in wichtigen Lebensentscheidungen, ökonomische Unterstützung, sowie das erweiterte soziale Umfeld (vgl. SCHNEGG; LANG 2002: 20).

1. Wer kümmert sich um die Wohnung wenn Sie abwesend sind?
2. Mit wem besprechen Sie Arbeitsangelegenheiten?
3. Wer hat Ihnen in den letzten drei Monaten bei Arbeiten im und am Haus geholfen?
4. Mit wem haben Sie in den letzten drei Monaten gemeinsame Aktivitäten wie Ausgehen, Einladungen, etc. unternommen?
5. Mit wem sprechen Sie gewöhnlich über gemeinsame Hobbys oder Freizeitbeschäftigungen?
6. Mit wem sind Sie (falls unverheiratet) liiert?
7. Mit wem besprechen Sie persönliche Dinge?
8. Wessen Ratschlag holen Sie sich bei den für Sie wichtigen Entscheidungen ein?
9. Von wem würden Sie sich Geld leihen?
10. Wer lebt als erwachsene Person in Ihrem Haushalt?

Abbildung 6:: Namensgeneratoren. Fischer-Instrument zur Erhebung ego-zentrierter Netzwerke.
Quelle: eigener Entwurf nach JANSEN 1999: 77

3.3.3 Matrix

Viele Formen von Matrizen sind bereits aus quantitativen und qualitativen empirischen wirtschaftsgeographischen Forschung bekannt. Eine Matrix ist eine rechteckige Anordnung von Zahlen e_{ij} in n Zeilen und m Spalten. Der Index i bezieht sich dabei auf die Zeilen, der Index j auf die Spalten (vgl. JANSEN 1999: 93). Üblicherweise sind in einer Matrix in den Zeilen die einzelnen Merkmalsträger untereinandergesetzt, die Daten in einer Zeile beziehen sich immer nur auf denselben Befragten. Die Befragten sind mit einer Identifikationsnummer codiert. Das ist bereits aus diversen Excel-Dokumenten und SPSS- Auswertungen bekannt. Solche Tabellen werden Datenmatrizen genannt, die Knoten und ihre Attribute wie z.b. Geschlecht, Alter, Einkommen, Wohnort, parteipolitische Präferenz u.s.w. erfassen. Die Abbildung 7 ist ein Beispiel für solch eine Attributivmatrix. Die Attribute sind in vielen Fällen klassifiziert und kodiert, um statistische Berechnungen zu ermöglichen und zu erleichtern. In der unten dargestellten Tabelle wären dies z.b. für das Merkmal Geschlecht die Ausprägungen „2" für „weiblich" und „1" für „männlich". Die restlichen Merkmale sind ebenfalls codiert (Geschlecht und Wohnort) oder klassifiziert und codiert (Alter und Einkommen).

Ident.nr.	Name	Geschlecht	Alter	Wohnort	Einkommen
1	Daniel	1	1	2	1
2	Karin	2	2	3	1
3	Markus	1	3	2	1
4	Klaus	1	1	1	2

Abbildung 7: Attributivmatrix
    Quelle: eigener Entwurf

Matrizen lassen sich auch so „kombinieren", dass Beziehungen erfasst werden können. Das klassische Beispiel hierfür ist die Matrix zu der Frage: „wer berichtet, wen zu mögen" („who reports liking whom"). Es ist eine binär kodierte Matrix, die entweder nur das Vorhandensein, oder das Fehlen von Zuneigung gegenüber einer zweiten Person darstellt. Knoten sind sowohl in denn Zeilen als auch in den Spalten dargestellt (vgl. HANNEMAN 2001:3).

	Daniel	Karin	Markus	Klaus
Daniel	X	1	0	1
Karin	0	X	1	1
Markus	1	1	X	0
Klaus	1	0	0	X

Abbildung 8: Binär kodierte Matrix zur Frage „Wer berichtet wen zu mögen"
Quelle: eigener Entwurf nach HANNEMAN 2001: 28

In der Abbildung 8 sind die Befragten Personen in den Zeilen notiert. Die Person auf die sich die Zuneigung jeweils bezieht steht in der Spalte. So fängt man mit Daniel an und frägt ihn: „Magst du Karin?"; bei einer positiven Antwort wird eine „1" notiert, bei einer negativen Antwort eine „0". So geht man der Reihe nach durch, bis alle Personen erfasst sind. Somit hat man mit diesem einfachen Instrument nicht nur das Vorhandensein einer Beziehung erhoben, sondern bereits die Richtung. Daniel mag Karin, aber Karin Daniel nicht, was eine asymmetrische Dyade („Asymetric Dyad") von Daniel in Richtung Karin ergibt (s. Kap. 3.2.1). Eine Null- Dyade besteht im Falle von Klaus und Markus, eine symmetrische Dyade beim Paar Daniel und Klaus.

Die in der Abb. 8 dargestellte Matrix wird als binäre Soziomatrix, Adjazenzmatrix oder Berührungsmatrix benannt (vgl. JANSEN 1999: 94). In der Abbildung 8 wurden Beziehungen zu sich selbst nicht mit aufgenommen, es ist aber generell nicht unzulässig auch nach diesen zu Fragen, wenn das Forschungsdesign es verlangt.

Eine weitere Form von Matrizen sind die sog. „Affiliationsmatrizen". Dabei sind Affiliationen Organisationen, Verbände, Ereignisse und Gelegenheiten verschiedenen Typs

(vgl. JANSEN 1999: 96).

Matrizen lassen sich aufgrund der einfachen Kodierung mit mathematisch-statistischen Methoden weiter bearbeiten und auswerten. Über netzwerkanalytische Maßzahlen lassen sich Eigenschaften der Akteure oder des Gesamtnetzwerkes darstellen. Außerdem ist es möglich weitere Matrizen abzuleiten, aus denen sich netzwerkanalytische Maßzahlen zur Kennzeichnung von Dyaden ableiten lassen vgl. JANSEN 1999: 97).

3.3.4 Semantisches Differential

Beim „Semantischen Differential", oder auch „Eindrucksdifferential" handelt es sich um eine Liste bipolarer Adjektive, die dem Befragten für jedes zu bewertende Objekt oder Konzept vorgelegt wird (vgl. SCHNELL; HILL; ESSER 1999: 169). Dieses Instrument ist bereits aus der allgemeinen empirischen Forschungspraxis bekannt. In der Netzwerkforschung kann man dieses Instrument zur Bewertung von Akteuren und Beziehungen verwenden. Es ist ein „Skalierungsinstrument zur Messung der konnotativen Bedeutung bzw. der affektiven Qualitäten beliebiger Objekte oder Begriffe..." (BORTZ; DÖRING 2002: 184).

Häufig wird das semantische Differential als ein fertiges Instrument angesehen, das auf jedes denkbare Einstellungsobjekt angewendet werden kann. Der Vorzug des Instruments wird oft in der stark vereinfachten Instrumentenentwicklung gesehen.

Es ist jedoch fehlerhaft anzunehmen, dass man ein standardisiertes Differential auf alle Fragestellung anwenden kann. Manche Adjektivpaare sind für einige Untersuchungen sinnlos und müssen weggelassen oder ersetzt werden. Eine weitere Fehlerquelle ist die Fehlinterpretation der verwendeten Wortpaare je nach Befragter und Einstellungsobjekt.

Deswegen bedarf dieses Instrument ebenso einer sehr genauen, aufwändigen und bedachten Entwicklung, wie alle anderen Instrumente in der empirischen Forschung (vgl. SCHNELL; HILL; ESSER 1999: 171).

Eine bereits erwähnte Untersuchung zu projektbezogenen Netzwerken in der Stadt Essen von POMMERANZ (2000) verwendet ein leitfadengestütztes, qualitatives Interview, sowie eine schriftliche Befragung der Akteure als Erhebungsinstrumente. Es werden zwei Projekte untersucht: einmal das „Triple Z"- und einmal das „Pasarea"- Projekt. Beide Projekte haben gemeinsam, dass verschiedene Akteure, sowohl von der privatwirtschaftlichen als auch der lokalpolitischen Ebene über ein Netzwerk die Ziele realisieren. Beide Projekte tragen Charakteristika des Public-Private-Partnerships (vgl. POMMERANZ 2000: 190). Der Autor kategorisiert die Projekte anhand ausgewählter Netzwerkdimensionen und bildet diese Kategorisierung in einer Art speziellen Art semantischen Differentials ab. Die Abbildung 9 verdeutlicht das.

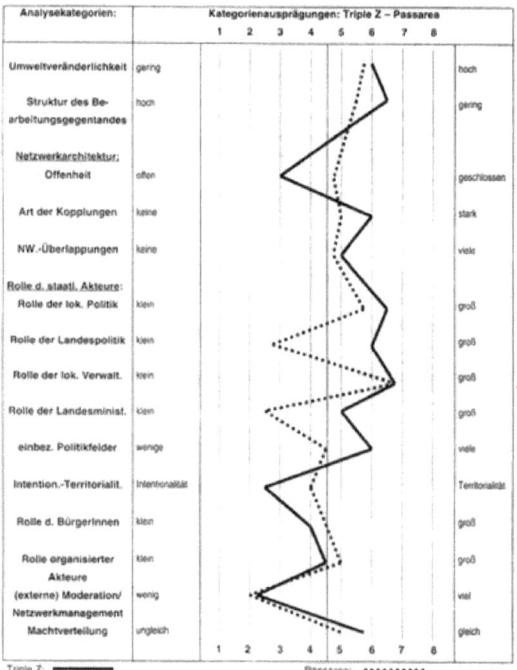

Abbildung 9: Kategorisierung der Projekte „Triple Z" und Pasarea" anhand ausgewählter

Netzwerkdimensionen.

Quelle: POMMERANZ 2000: 191.

Beim „Triple Z" handelt es sich um die Gründung eines modernen Existenz-gründerzentrums in einer alten Zeche; beim „Pasarea" um einen Gesamtumbau und teilweisen Neubau des Essener Hauptbahnhofs (vgl. POMMERANZ 2000: 190). Die beiden Kurven in der Abbildung 9 verdeutlichen, dass beide Projekte z.t. sehr differenzierte Ausprägungen ihrer Netzwerkstruktur haben.

Bei der Datenerhebung wird dem Befragten zumeist nicht diese Form von Differential vorgelegt, sondern die Fragen werden in den Fragebogen integriert und die Kategorien werden vom Befragten (meist in einer Skala von 1-7) bewertet. Bei der Abbildung 9 handelt es sich bereits um eine graphische Darstellung der Befragungsergebnisse.

3.3.5 Graphen

Graphen sind neben Matrizen das wichtigste Werkzeug der Analyse und Darstellung von Netzwerken. Graphen werden auch als „Soziogramme" bezeichnet, auf welche die mathematische Graphentheorie anwendbar ist. Akteure oder Knoten werden in Graphen als Punkte dargestellt, die Beziehungen als Linen oder Pfeile. Bei ungerichteten Beziehungen spricht man von Kanten, bei gerichteten Beziehungen von Pfeilen, in diesem Fall ist der Graph ein „Digraph" („directed graph) (vgl. JANSEN 1999: 85). Ein Beispiel eines solchen Digraphen ergibt sich aus der Matrix in Abbildung 8, bei der 4 verschiedene Akteure nach ihren Personenpräferenzen gefragt werden. In diesem Fall sind die Beziehungen gerichtet und nicht immer symmetrisch, wie es die Abbildung 10 verdeutlicht. Graphen und Matrizen beschreiben den selben Sachverhalt.

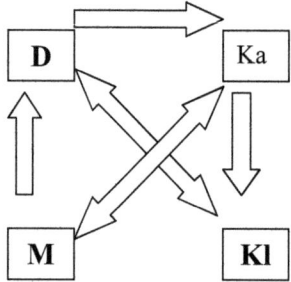

Abbildung 10: Ein Digraph basierend auf der Matrix aus Abb. 8.

Quelle: eigener Entwurf nach HANNEMAN 2001: 28

Die Anordnung der Knoten in einem Graph ist nicht formal festgelegt, man kann ein und das selbe Netzwerk auf verschiedene Arten abbilden. Das oben dargestellte Freundschaftsnetzwerk zwischen den vier Akteuren ist eine relativ simple Form eines Netzwerks. Es liegt auf der Hand, dass solche Darstellungen schnell sehr unübersichtlich und komplex werden können. Dieses Problem führte dazu, dass die Graphendarstellung erst mit zunehmender Rechenleistung von Computern in der Netzwerkforschung Einklang fand (vgl. JANSEN 1999: 87). Mittlerweile lassen sich auch komplexere Netzwerke darstellen, wobei durch die graphische Anordnung der Punkte auch Eigenschaften wie Hierarchie und Distanz abgebildet werden können.

FÜRST und SCHUBERT (2001) untersuchten die Rolle des aus Netzwerken generierten Sozialkapitals auf die Entwicklung der Region Hannover. Die Basis hierfür bildete eine Netzwerkstudie in den Jahren 1997 bis 1999; im Zentrum des Interesses stand die Vernetzung von Entscheidungsträgen, also einflussreichen Persönlichkeiten in Politik, Verwaltung, Wirtschaft, Medien und Wissenschaft. Die Datenerhebung erfolgte mit Hilfe des „Computer-assistierten Telefon-Interviews" (CATI), welches sich laut FÜRST und SCHUBERT bei Netzwerkanalysen bewährt hat (vgl. FÜRST; SCHUBERT 2001: 38-40).

Nach der Auswertung der Datensammlung erstellten die Autoren ein Modell des Akteursnetzwerkes in Bezug auf die EXPO 2000-Promotoren. Wie komplex und wenig unübersichtlich solch eine Darstellung sein kann, zeigt die Abbildung 11.

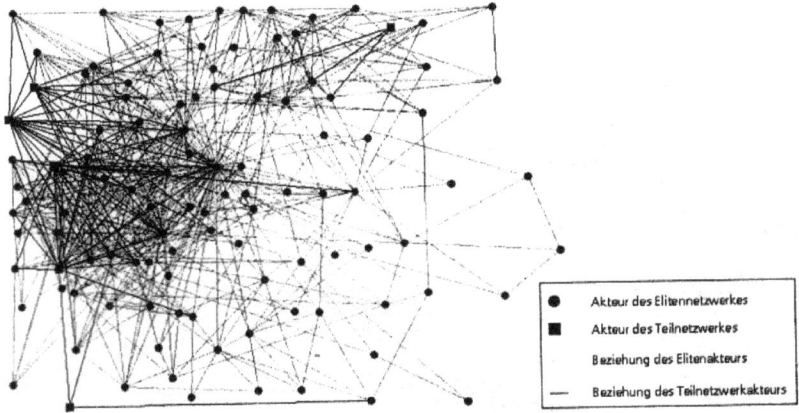

Akteur des Elitennetzwerkes

Akteur des Teilnetzwerkes

Beziehung des Elitenakteurs

—— Beziehung des Teilnetzwerkakteurs

Abbildung 11: Zweckgerichtetes Teilnetzwerk der EXPO 2000-Promotoren im Messeumfeld.

Quelle: FÜRST; SCHUBERT 2001: 42

Dieses Beispiel verdeutlicht dass bei komplexen Netzwerken durch einen Graph nur ein erster Überblick über die Struktur geboten werden kann. Für weitere Betrachtungen sind zwingend detailliertere Datensätze hinzuzuziehen. Es besteht jedoch auch die Möglichkeit die Darstellung zu vereinfachen und z.B. Beziehungen zusammenzufassen. Dabei wird der Inhalt zwar reduziert, doch die Darstellung umso übersichtlicher.

LITERATURVERZEICHNIS:

BATHELT, HARALD; GLÜCKLER, JOHANNES (2002): *Wirtschaftsgeographie.* Stuttgart.

BASTIANS; FRAUKE (2001): *Soziale Netzwerke.* URL: www.home.uos.de/pwurster/netzwerkkapitel_frauke.pdf. Abrufdatum: 28.09.2004.

BLOHM, MICHAEL; LAMAS-PEREZ, URSULA (2002): « ALLBUS – Bibliographie »,   18. Fassung. In : *ZUMA – Methodenbericht 2002 /2005.*
        URL: http://www.gesis.org/Publikationen/Berichte/ZUMA_Methodenberichte/doc
        uments/pdfs/tb02_05.pdf. Abrufdatum: 07.10.2004.

BORTZ, JÜRGEN; DÖRING, NICOLA (2002): *Forschungsmethoden und Evaluation für Human- und Sozialwissenschaftler.* 3. Auflage. Berlin.

FESER, EDWARD J.; BERGMAN EDWARD M. (2000): "National Industry Cluster   Templates: A Famework for Applied Regional Cluster Analysis". In: *Regional Studies* 34, Heft 1, S. 1–19.

FÜRST, DIETRICH; SCHUBERT, HERBERT (2001): „Regionale Akteursnetzwerke   zwischen Bindungen und Optionen. Über die Infrastruktur des Handlungssystems   bei der Selbstorganisation von Regionen". In: *Geographische Zeitschrift* 89, Heft 1,   S. 32-51.

GRABHER, GERNOT et al. (1993): *The embedded firm. On the socioeconomics of industrial networks.* London and New York.

GRABHER, GERNOT; STARK, DAVID (1998): „Organisation der Vielfalt: Evolutionstheorie, Netzwerkanalyse und Postsozialismus". In: *Raum –   Österreichische Zeitschrift für Raumplanung und Regionalpolitik.* Heft 98, S.46-53.

HANNEMAN, ROBERT (2001): *Introduction to Social Network Methods.* URL: http://faculty.ucr.edu/hannerman/soc157/NETTEXT.pdf. Abrufdatum: 27.09.2004.

HAUG, SONJA (2000): „Soziales Kapital, Migrationsentscheidungen und   Kettenmigrationsprozesse. Das Beispiel der italienischen Migranten in   Deutschland". In: *Arbeitsberichte des Instituts für Soziologie der Universität   Leipzig,* 13. URL: http://www.uni-leipzig.de/~sozio/content/site/a_berichte/13.pdf.   Abrufdatum: 07.10.2004

JANSEN, DOROTHEA (1999): *Einführung in die Netzwerkanalyse. Grundlagen,*   *Methoden,*
Anwendungen. Opladen.

JANSEN, DOROTHEA (2001): „Soziales Kapital von Unternehmensgründern.
Theoretische Überlegungen und erste empirische Ergebnisse". Vortrag an der
TU   Berlin, 14.06.2001.
     URL: http://foev.dhv-speyer.de/survival/ppt/sozkap.html. Abrufdatum:
06.10.2004

KROMREY, HELMUT (2000): *Empirische Sozialforschung. Modelle und Methoden der*
standardisierten Datenerhebung und Datenauswertung. 9., korrigierte Auflage. Opladen.

LAIREITER, ANTON (2004): „Methoden und methodische Zugänge zum Studium   sozialer
Beziehungen". Arbeitsmaterialien zum Einführungsseminar „Soziale   Beziehungen" am Institut für
Psychologie der Universität Salzburg.
     URL: http://www.sbg.ac.at/psy/lehre/laireiter/methoden.pdf. Abrufdatum: 09.10.2004

MARSDEN, P.V (1990): "Network Data and Measurement". In: *Annual Review of*   *Sociology.* 16:
S. 435 – 463.

POMMERANZ, JENS OLIVER (2000): „Lernende Region Ruhrgebiet – eine   regionalpolitische
Leitperspektive für das 21. Jahrhundert. Netzwerkorientierte   Fallanalysen in der
Ruhrgebietsmetropole Essen". In: *Zeitschrift für Wirtschaftsgeographie.* 44, Heft 3 und 4, S. 183–200.

REHNER, JOHANNES (2003): *Netzwerke und Kultur. Unternehmerisches Handeln*   *deutscher*
Manager in Mexiko (= Wirtschaft & Raum, Band 11). München.

SCHAMP, EIKE W. (2000): *Vernetzte Produktion. Industriegeographie aus*   *institutioneller Sicht.*
Darmstadt.

SCHNEGG, MICHAEL; LANG HARTMUT (2002): „Netzwerkanalyse. Eine   praxisorientierte
Einführung." In: *Methoden der Ethnographie.* 1. S. 1-55.
     URL: http://www.methoden-der-ethnographie.de/heft1/Netzwerkanalyse.pdf.   Abrufdatum:
05.10.2004

SCHNELL, RAINER; HILL, PAUL B.; ESSER, ELKE (1999): *Methoden der empirischen*
Sozialforschung. 6. Auflage. München/Wien.

SIEBERT, HOLGER (2001): „Ökonomische Analyse von Unternehmensnetzwerken". In: Sydow, Jörg (Hrsg.): *Management von Netzwerkorganisationen. Beiträge aus der Managementforschung.* 2.Auflage. Wiesbaden. S. 8-27

STERNBERG, ROLF (1999): "Innovative Linkages an Proximity: Empirical Results from Recent Surveys of Small and Medium Sized Firms in German Regions". In: *Regional Studies,* 33, Heft 6, S. 529-540.

STRAMBACH, SIMONE (1993): „Die Bedeutung von Netzwerkbeziehungen für wissensintensive unternehmensorientierte Dienstleistungen". In: *Geographische Zeitschrift* 81, Heft 1 und 2. S. 35–50.

SYDOW, JÖRG (1992): *Strategische Netzwerke. Evolution und Organisation.* (= Neue Betriebswirtschaftliche Forschung 100). Wiesbaden.

SYDOW, JÖRG (2001): *Management von Netzwerkorganisationen. Beiträge aus der „Managementforschung".* 2.Auflage. Wiesbaden.

SYDOW, JÖRG; STABER UDO (2002): „The Institutional Embeddedness of Project Networks: The Case of Content Production in German Television". In *Regional Studies* 36,   Heft 3, S. 215-227.

VAN DER LAAN, LAMBERT (1998): „Changing Urban Systems: An Empirical Analysis at Two Spatial Levels". In: *Regional Studies* 32, Heft 3, S. 235-247.